“十三五”国家重点研发计划

“工业化建筑全产业链能耗及碳排放监测与测算技术”课题组

工业化建筑全产业链能耗及碳排放统计识别技术指南

苑 翔 乔春珍 毛 超 编著

中国环境出版集团·北京

图书在版编目（CIP）数据

工业化建筑全产业链能耗及碳排放统计识别技术指南/苑翔，乔春珍，毛超编著. —北京：中国环境出版集团，2018.9

ISBN 978-7-5111-3831-6

Ⅰ. ①工… Ⅱ. ①苑…②乔…③毛… Ⅲ. ①工业建筑—建筑能耗—能耗计算—指南②工业建筑—二氧化碳—排气—统计分析—指南 Ⅳ. ①TU111.19-62②X511-62

中国版本图书馆 CIP 数据核字（2018）第 210667 号

出 版 人 武德凯
责任编辑 赵楠婕
责任校对 任 丽
封面设计 宋 瑞

出版发行 中国环境出版集团
（100062 北京市东城区广渠门内大街 16 号）
网 址：http://www.cesp.com.cn
电子邮箱：bjgl@cesp.com.cn
联系电话：010-67112765（编辑管理部）
010-67162011 生态（水利水电）图书出版中心
发行热线：010-67125803，010-67113405（传真）

印 刷 北京中献拓方科技发展有限公司
经 销 各地新华书店
版 次 2018 年 9 月第 1 版
印 次 2018 年 9 月第 1 次印刷
开 本 880×1230 1/32
印 张 1.75
字 数 32 千字
定 价 8.00 元

《工业化建筑全产业链能耗及碳排放统计识别技术指南》

编写单位

北方工业大学　重庆大学

编 写 组

主　　审：纪颖波　刘贵文

主　　编：苑　翔　乔春珍　毛　超

编写人员：陈伟娇　李志永　徐鹏鹏　李凯健

　　　　　尚雁雯　程亚美　胡培昊　谢芳芸

目　录

1 总 则

1.1 为贯彻国家有关气候变化和节能减排的方针政策，规范建筑碳排放计算，提供工业化建筑碳排放评价方法，节约资源，保护环境，制定本指南。

【条文说明】工业化建筑是我国建筑业发展的一项重大战略，工业化建筑与传统建筑相比，在节能、节材、节水和环保等方面存在显著优势，而建筑作为能源消耗和碳排放的主体，其定量计算和监测方法是减少建筑能耗和碳排放的内容。工业化建筑的全生命周期内各项活动与传统建筑相比，具有鲜明的特点和极强的复杂性，因此，确定工业化建筑碳排放评价方法是推动建筑节能减排工作的极为重要的工作内容。

1.2 本指南中的工业化建筑的适用对象主要为装配式建筑，其他形式的工业化建筑可参考本指南。装配式建筑的定义可参考《装配式建筑评价标准》（GB/T 51129—2017）中的规定。

【条文说明】装配式建筑是指工厂生产的预制构件在现场装配而成的建筑，从结构形式来说，装配式混凝土结构、钢结构、木结构都可以称为装配式建筑，是工业化建筑的重要组成部分。

1.3 本指南适用于新建、改建和扩建的工业化建筑全产业链能耗和碳排放的核算。

1.4 本指南适用于评价机构对工业化建筑项目进行的评价，建筑节能服务公司、物业管理公司、建筑业主等相关方也可参考使用。

1.5 工业化建筑能耗和碳排放的核算除应符合本指南外，尚应符合国家现行有关标准的规定。

2 规范性引用文件

《装配式建筑评价标准》（GB/T 51129—2017）

《房屋建筑和装饰工程消耗量定额》（TY 01-31—2015）

《房屋建筑与装饰工程量计算规范》（GB 50854—2013）

《建筑碳排放计量标准》（CECS 374—2014）

《工业企业温室气体排放核算和报告通则》（GB/T 32150—2015）

《节能监测技术通则》（GB/T 15316—2009）

《民用建筑能耗数据采集标准》（JGJ/T 154—2007）

《公共建筑能耗远程监测系统技术规程》（JGJ/T 285—2014）

《用能单位能源计量器具配备和管理通则》（GB 17167—2006）

《工业企业能源管理导则》（GB/T 15587—2008）

《企业能源审计技术通则》（GB/T 17166—1997）

《企业能耗计量与测试导则》（GB 6422—1986）

《公共建筑节能设计标准》（GB 50189—2015）

《民用建筑供暖通风与空气调节设计规范》（GB 50736—2016）

《环境管理生命周期评价原则与框架》（GB/T 24040—2016）

《环境管理生命周期评价要求与指南》（GB/T 24044—2008）

《通用安装工程消耗量定额》（TY 02-31—2015）

《通用安装工程工程量计算规范》（GB 50586—2013）

《建筑给水排水设计规范》（GB 50015—2009）

3 术 语

3.1 建筑碳排放

碳排放是关于温室气体排放的一个总称或简称。建筑碳排放是指建筑全寿命期内产生的温室气体排放的总和，以二氧化碳当量表示。

3.2 工业化建筑全产业链

工业化建筑建设是从原材料生产、构件生产至最终拆解、回收的一系列前后衔接的阶段，包括原建材与构件生产阶段、运输阶段、施工装配阶段、运行维护阶段、拆除回收阶段。

3.3 计算边界

与建筑物建材生产与运输、建造与拆除、建筑物运行等活动相关的碳排放的计算范围。

3.4 碳排放因子

将相关活动与碳排放当量相对应的系数，用于量化建筑物不同阶段相关活动的碳排放量的计算。

3.5 工业化建筑碳排放活动单元过程

为量化工业化建筑在全产业链各阶段消耗的能源、资源和材料而确定的基本活动过程，是构成建筑碳足迹的基本单位。

3.6 活动水平数据

反映人为活动导致碳排放情况的定量数据，针对建筑碳排放，主要包括材料、能源以及资源的消耗量。

3.7 清单统计

通过采集建筑碳排放单元过程中的各项活动水平数据及相应的碳排放因子，按照规定的方法进行统计核算，得到碳排放数据。

4 基本规定

4.1 工业化建筑全产业链的碳排放量应为原材料生产阶段、构件工厂化生产阶段、运输阶段、施工装配阶段、运行维护阶段、拆除回收阶段中各单元过程碳排放量的总和。工业化建筑碳排放量范围应包括现浇建筑部分碳排放量和预制部分碳排放量两部分。

4.2 工业化建筑全产业链碳排放核算方法可用于工业化建筑建造的方案设计阶段对建筑设计方案的碳排放量进行计算，或建造后对其碳排放量进行的核算。

4.3 碳排放核算应包含《2006 年 IPCC 国家温室气体清单指南》和中国《2005 年国家温室气体清单》中列出的各类温室气体。

4.4 电网排放因子和燃料排放因子随电网结构调整、清洁能源使用等有所变化，应根据官方发布数据持续更新。

4.5 碳排放因子应来自公认的可靠来源，优先采用最新发布的数据，在未有完善的碳排放因子数据前，碳排放因子可从下列信息源中获取：

（1）权威机构连续发布的正式出版文献；

（2）经认证的学术机构研究报告；

（3）各类统计年鉴和报表；

（4）基础数据手册；

（5）工厂内部的工艺信息；

（6）部分能源的碳排放因子可按附录 C 选取。

4.6 工作流程

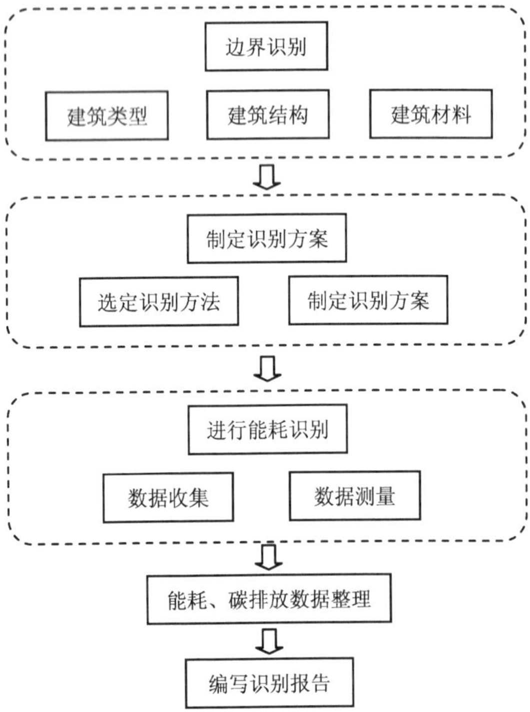

图 4.1　能耗及碳排放识别工作流程图

4.7 工业化建筑碳排放核算应按下列步骤进行：

（1）界定工业化建筑的范围和区域；

（2）界定工业化建筑碳排放单元过程；

（3）采集碳排放单元过程的活动水平数据；

（4）采集碳排放单元过程的相关碳排放因子；

（5）按照本指南发布的方法核算碳排放量；

（6）按照规定对外发布计量结果。

【条文说明】本条规定了工业化建筑碳排放核算的步骤，界定工业化建筑的范围和区域以及界定工业化建筑碳排放的边界，是进行碳排放核算工作的前提。工业化建筑的建造过程，与传统的建筑建造方式有所不同，在界定工业化建筑的碳排放边界时，既要与传统的建筑相统一，又要突出工业化建筑的特点，界定清楚工业化建筑与传统的建筑之间的区别。

4.8 碳排放来源应包括工业化建筑全产业链工艺流程中的直接碳排放，煤、天然气、液化石油气、汽油、柴油、煤油等化石能源产生的直接碳排放和电力、水蒸气产生的间接碳排放。

4.9 工业化建筑能耗和碳排放核算方法

（1）工业化建筑碳排放量应覆盖建筑全产业链，以碳排放单元过程为基本单位进行数据采集与核算。

（2）每个碳排放单元过程的碳排放量应为碳排放单元过程的活动水平数据与碳排放因子的乘积。

$$E_j = \sum M_i \times F_i$$

式中，E_j——j 碳排放单元过程的碳排放量；

M_i——第 i 种物质的活动数据，即其数量或活动强度数据，kg、km；

F_i——第 i 种物质的碳排放因子。

（3）每个单元过程应保持独立，避免重复计量。

4.10 工业化建筑全产业链的碳排放量应按照下式进行核算：

$$E = \sum E_j$$

式中，E——工业化建筑全产业链碳排放总量；

E_j——j 碳排放单元过程的碳排放量。

【条文说明】核算碳排放时，应将工业化建筑的所有单元过程都纳入核算。但是，工业化建筑全产业链内与碳排放相关的单元过程复杂多样，核算的工作量和难度都很大，所以，应优先对工业化建筑碳排放量贡献率大、比重高的单元过程进行核算，将部分无法量化、碳排放量少或量化成本过高的单元过程排除在外，或者进行计量简化，减轻工作量，增加可操作性，但应该对简化单元过程对计量结果的影响进行分析说明。

5 建材、构件和部品生产及运输阶段能耗和碳排放识别

5.1 基本要求

5.1.1 建材、构件和部品生产企业应建立有关企业碳排放核算和报告的规章制度，包括负责机构和人员、工作流程和内容、工作周期和时间节点等；并应指定专职人员负责企业碳排放核算和报告工作。

5.1.2 建材、构件和部品生产企业应建立健全碳排放数据记录管理体系，体系中包括对数据来源、数据获取时间以及相关责任人等信息的记录管理。

5.1.3 建材、构件和部品生产企业宜按照一定的优先级对核算方法进行选择。选择核算方法应考虑以下因素：

（1）对核算结果数据准确度的要求；

（2）可获得的计算用数据情况；

（3）排放源的可识别程度。

【条文说明】在工业化建筑建材、构件和部品生产企业中，生产线和生产方式有很大的不同，因此生产阶段和运输阶段的能耗和碳排放有较大差异，识别生产和运输阶段的能耗和碳排放时，应根据企业具体情况来选择合适的核算方法，保证数据的可获得性、准确度和可信度，而且不同的能耗和碳排放数据应用对象，对数据准确度的要求也是不一样的，选择合适的核算方法的优先级，可以减少数据识别的成本，提高识别效率。

5.1.4 建材、构件和部品生产企业应根据所选定的核算方法的要求来选择和收集碳排放活动水平数据。

5.1.5 建材、构件和部品生产及运输阶段的碳排放应为建材、构件和部品生产阶段碳排放与运输阶段碳排放之和，并按下式计算：

$$E_1 = E_{SC} + E_{YS}$$

式中，E_1——建材、构件和部品生产阶段碳排放，kg CO_2；

E_{SC}——建材生产阶段碳排放，kg CO_2；

E_{YS}——建材运输过程碳排放，kg CO_2。

5.1.6 建材、构件和部品生产阶段碳排放量应按下式进行计算：

$$\begin{aligned} E_{SC} = & \sum_{i=1}^{n}\left(\mathrm{AD}_{\mathrm{ZT}i} \cdot \mathrm{EF}_{\mathrm{ZT}i} + \mathrm{AD}_{\mathrm{ZTY}i} \cdot \mathrm{EF}_{\mathrm{ZTY}i}\right) + \\ & \sum_{i=1}^{n}\left(\mathrm{AD}_{\mathrm{WH}i} \cdot \mathrm{EF}_{\mathrm{WH}i} + \mathrm{AD}_{\mathrm{WHY}i} \cdot \mathrm{EF}_{\mathrm{WHY}i}\right) + \\ & \sum_{i=1}^{n}\left(\mathrm{AD}_{\mathrm{TC}i} \cdot \mathrm{EF}_{\mathrm{TC}i} + \mathrm{AD}_{\mathrm{TCY}i} \cdot \mathrm{EF}_{\mathrm{TCY}i}\right) + E_{SC1} \end{aligned}$$

式中，E_{SC}——材料和构件生产阶段建筑碳排放量，t CO_2；

AC_{ZT}——主体结构材料用量，t；

EF_{ZT}——主体结构材料碳排放因子，tCO_2/t；

AD_{ZTY}——预制主体结构构件数量；

EF_{ZTY}——预制主体结构构件碳排放因子，tCO_2/单位；

AD_{WH}——围护结构材料用量，t；

EF_{WH}——围护结构材料碳排放因子，tCO_2/t；

AD_{WHY}——预制围护结构构件数量；

EF_{WHY}——预制围护结构构件碳排放因子，tCO_2/单位；

AD_{TC}——填充体材料用量，t；

EF_{TC}——填充体材料碳排放因子，tCO_2/t；

AD_{TCY}——预制填充体构件数量；

EF_{TCY}——预制填充体构件碳排放因子，tCO_2/单位；

i——材料或构件种类；

E_{SC1}——建材、构件和部品生产阶段工艺流程中的直接碳排放量，tCO_2。

【条文说明】建筑中的材料、构件和设备可以划分为主体结构、围护结构和填充体三部分。建筑材料指的是建筑的原材料。主体结构包括基础、梁、柱、板、承重墙体等支撑建筑整体框架的结构，主要起到承重的作用；围护结构主要包括屋面、墙体、门窗、地面等，主要起到围护和隔断的作用；填充体主要包括建筑内的装饰、厨卫设备、通风空调设备、电梯、管线等，主要起到装饰、完善建筑功能和维护环境的作用。工业化建筑与传统的建筑相比较，最主要的区别在于部分构件和填充体是在工厂中预制完成，例如叠合板、承重墙体、隔断墙体、整体化厨卫灯等。计算公式中的预制主体结构、预制围护结构和预制填充体三部分的计算就是工业化建筑中特有的部分，在公式中需要单独计算。

建材、构件和部品生产阶段工艺流程中的直接碳排放量指的是在建筑中的材料、构件和设备生产工艺流程中，由于物理和化学反应等因素产生的碳排放量，此部分的碳排放量可根据实际产生碳排放的过程，根据相关资料进行计算确定。

5.1.7 建材、构件和部品运输阶段碳排放计算按下式计算：

$$E_{\mathrm{YS}} = \sum_{i=1}^{n} M_i \times D_i \times T_i$$

式中，E_{YS}——建材运输过程碳排放，kg CO_2/m^2；

M_i——第 i 种主要建材或构件的消耗量，t；

D_i——第 i 种建材或构件的平均运输距离，km；

T_i——第 i 种建材或构件的运输方式下，单位重量运输距离的碳排放因子，kg CO_2/t·km。

5.2 边界的识别

5.2.1 建材生产阶段的碳排放计算边界应包含以下内容：

（1）建筑材料生产所涉及原材料的开采、生产过程；

（2）建筑材料生产所涉及能源的生产过程；

（3）建筑材料生产所涉及原材料、能源的运输过程；

（4）建筑材料生产过程；

（5）当其中某一过程缺失时，应予以详细说明。

【条文说明】建筑材料的碳排放边界从建筑材料的上游原材料开采、能源生产开始、到建筑材料出厂为止，包含建筑材料生产所涉及原材料的开采、生产过程，建筑材料生产所涉及能源的生产过程，建筑材料生产所涉及原材料、能源的运输过程和建筑材料生产过程。工业化建筑的建造过程中，构件的生产与建材的生产过程不同，构件需要有大量的建材产品，属于再加工的过程，所以，建材的边界中不包括构件的生产。

5.2.2 构件生产阶段的能耗和碳排放边界应以生产企业内构件的整个生产过程为边界，不应包括生产企业内和产品生产无关的活动所产生的能耗及碳排放。

【条文说明】构件的生产是工业化建筑中比较复杂的阶段，由于工业化建筑的部分建材、构件和部品是在工厂中预制的，此阶段的碳排放是在工厂中产生的，工厂中的生活能耗或由于管理工业企业所产生的能耗应该属于民用建筑能耗的范畴，在整个建筑能耗统计中，此部分已经统计在内，所以在计算建筑建材、构件和部品生产和运输阶段的碳能耗和碳排放时，不包括此部分。

5.2.3 建材、构件和部品生产及运输阶段碳排放计算应至少包含下列内容：

（1）建筑主体结构材料、构件的生产及运输；

（2）建筑围护结构材料、构件、部品的生产及运输；

（3）建筑填充体材料、构件、部品的生产及运输。

5.3 建材、构件和部品清单

5.3.1 建材生产阶段中，建筑各部位使用的材料、构件、部品、设备种类及数量，应通过查询材料决算清单、施工图纸、采购清单等工程建设相关技术资料确定。

5.3.2 预制构件生产阶段中，构件生产过程中使用的材料、构件、部品、设备种类及数量以及建筑中使用的构件和部品种类及数量，应通过查询施工图纸、采购清单、生产合同等企业生产和工程建设相关技术资料确定。

【条文说明】工业化建筑的预制构件生产与材料生产有很大不同，材料并没有确定的适用对象，而建筑的预制构件生产阶段中，需要确定产品的应用对象，并根据建筑类型来确定构件产品的种类，由于构件在建筑中运用的位置是多种多样的，在计算碳排放时，就需要对建筑中的构件进行分类，相同的构件作为一类，以便进行碳排放的计算。

5.4 活动水平数据

5.4.1 采集的活动水平数据应包括材料生产阶段和运输阶段的全部过程，活动水平数据宜按照建筑主体结构、围护结构、填充体使用的材料、构件、设备种类进行采集，并按照附表 A-1 进行记录。

5.4.2 数据采集时，建筑材料及能源的计量单位应符合国际单位制（SI）的要求。对于建筑材料及构件应采用单位质量或单位体积；能源应采用单位质量或单位能量。

5.4.3 活动水平数据来源可通过清单统计方法获得。应用信息模型进行碳排放活动管理的生产企业，宜选用信息模型法计量活动水平数据。

【条文说明】信息模型的方法是以信息模型为载体，进行信息采集和核算，在具备记录全过程的碳排放数据软硬件平台的条件下，采用信息技术，应用信息管理系统，从生产、运输、施工建造和运行维护等全过程的监控，乃至最后的核算，都可以应用信息模型，既方便了碳排放的核算，又节约了成本。

5.4.4 活动水平数据的采集方式包括仪表监测、资料查询和分析测算，应根据活动水平数据的类型、数据应用对象、重要性、采集条件等因素，按下列规定合理选用：

（1）当活动水平数据具备自动监测条件时，宜采用账单统计法进行采集，保证数据的完整性、连续性和准确性；

（2）当活动水平数据不具备自动连续监测条件时，应通过查询工程建设相关技术资料、备档文件、缴费账单、财务报表等资料进行采集；

（3）当活动水平数据无法通过仪表监测和资料查询的方式获取时，可按相关公式分析计算得到。

5.5 碳排放因子数据

5.5.1 建筑材料生产阶段的碳排放因子包含以下部分：

（1）建筑材料生产所涉及原材料的开采、生产过程的碳排放；

（2）建筑材料生产所涉及能源的开采、生产过程的碳排放；

（3）建筑材料生产所涉及原材料、能源的运输过程的碳排放；

（4）建筑材料生产过程的直接碳排放；

（5）当其中某一过程碳排放缺失或被忽略时，应予以说明。

5.5.2 构件生产阶段的碳排放因子包含以下部分：

（1）构件生产所涉及建筑材料的开采、生产过程的碳排放；

（2）构件生产所涉及能源的开采、生产过程的碳排放；

（3）构件生产所涉及建筑材料、能源的运输过程的碳排放；

（4）构件生产过程的直接碳排放；

（5）当其中某一过程碳排放缺失或被忽略时，应予以说明。

5.5.3 构件生产阶段的碳排放应优先选用由构件生产商提供的、并经第三方审核的构件碳排放数据；部分建材生产商不能提供时，可采用权威机构给出的推荐值，但应在报告中说明数据来源。

5.5.4 预制构件的碳排放因子应包括生产构件模具时的碳排放量。

5.6 预制材料和构件碳排放因子的测定

5.6.1 预制材料和构件的碳排放因子不具有第三方审核的数据，或没有权威的推荐值时，应采用实际测定的方法来获取数据，通过测定方法得到的碳排放因子数据只能用于核算与此生产工厂相关的工业化建筑的碳排放。

【条文说明】预制材料和构件的碳排放因子是指在生产阶段中，建筑材料进入预制工厂，经过生产加工形成预制材料和构件的过程中，单位材料或构件的碳排放量。与传统建筑建材生产的过程不同，工业化建筑的预制材料或构件也是在工厂中生产出来的，比传统建筑的多出了预制的过程，预制过程的碳排放因子与建材的碳排放因子不同，预制过程的碳排放因子实质上是工厂加工预制材料或构件的碳排放，其活动水平是生产出来的预制材料或构件。

5.6.2 预制材料和构件的碳排放因子应选取合理的单位来表示，并应符合实际情况。对于标准化的构件或预制材料，可根据单位标准件的碳排放量作为碳排放因子；对于还未标准化的构件或预制材料，宜选用构成构件或预制材料产品的单位质量建材所对应的碳排放量作为碳排放因子。

【条文说明】工业化建筑的预制材料或构件形式复杂多样，预制材料或构件应实现标准化，对于标准化的构件，可以针对每个构件，采用每个构件生产过程中的碳排放作为其碳排放因子，但是由于目前我国工业化建筑的构件还没有实现标准化，多数项目的预制构件都是定制形式，在设计和安装中，没有统一的标准可以参考，所以在选择碳排放因子时，就需要合理设定碳排放因子的表示方法，针对未标准化的构件，宜选用构成构件的单位质量材料碳排放来表示。例如，对于 PC 构件，建议选取组成 PC 构件的单位质量混凝土的碳排放作为碳排放因子。

5.6.3 在测定预制材料和构件的碳排放因子时，预制工厂应具有完整的分项计量系统，工厂内的每条生产线应能独立测量能耗数据，每条生产线都应具有完备生产日志记录。

【条文说明】碳排放因子测试应以构件生产线为最基本的能耗数据计量单元，每种产品的生产线应单独计量，计量的数据不仅包括能耗数据，还应有构件或建材的材料用量记录。

5.6.4 预制工厂在设计建造时，如果只设计了总的能耗计量表，而没有分项计量时，当需要测定预制材料和构件的碳排放因子时，宜在每条生产线加装能耗计量表。生产线的用电线路不允许加装计量表时，应在每条生产线线路上采用钳形电流表分别计量。

【条文说明】针对目前我国多数的预制工厂没有分项计量系统的现状，在测定预制材料和构件的碳排放因子时，应采用钳形电流表进行实时监测，应用监测后的数据进行处理后，作为碳排放因子的近似值。

5.6.5 采用钳形电流表进行分项计量能耗数据时，各生产线分别计量后的累加能耗数据应与工厂能耗计量表的数据进行对比，对比误差不应超过 5%。

5.6.6 采用钳形电流表进行分项计量能耗数据时，每条生产线计量的能耗数据应至少测量 3 种及 3 种以上的预制产品完整生产过程的能耗数据，并根据测量的数据做出材料应用量和能耗数据的曲线图，根据曲线图确定碳排放因子数据。

【条文说明】预制构件生产线生产出来的产品有可能不是标准产品，那么在碳排放因子取值时，需要测定投入的建材数量和消耗的能耗量之间的关系曲线，根据关系曲线可以确定此生产线的产品碳排放特性。

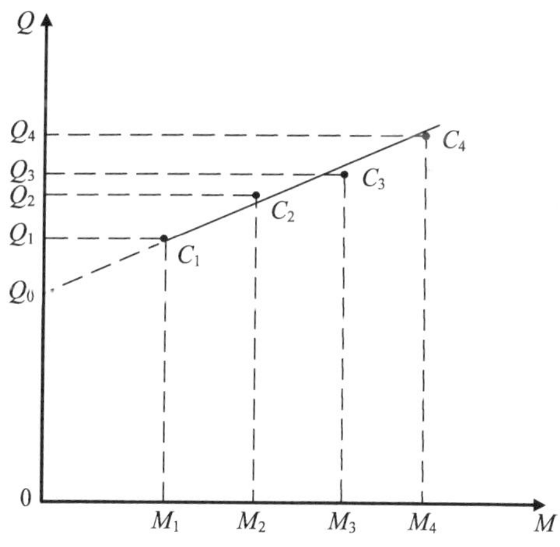

图5.1　材料数量和能耗关系曲线

纵坐标为能耗量，横坐标为构件需要的材料数量，测试后的 4 组数据可以拟合为近似的曲线（直线），则此生产线的材料用量与能耗的关系就可以得到，那么在此生产线上生产出来的产品能耗都可以由此曲线计算。

5.6.7 预制工厂内生产线以外的设备应单独设置能耗计量表监测能耗数据，并应有独立的生产日志记录产品数量。

5.6.8 监测预制材料和构件的能耗数据时，应根据同类预制材料或构件的批次来计量，应记录该批次产品生产初始时刻和终点时刻，记录在初始和终点时刻的能耗计量表的数据，能耗数据应对应同时刻的生产日志中的材料用量。

5.6.9 预制材料和构件的碳排放因子的数据宜采用当地统计数据的平均值。若缺少统计数据时，应按照实际测试得到的数据来取值。

5.6.10 预制材料和构件的碳排放因子可按照附录B中的步骤进行测量。

5.6.11 混凝土预制材料和构件的碳排放因子的单位宜采用单位混凝土体积的碳排放量计算。

【条文说明】预制混凝土材料和构件的碳排放因子主要由生产混凝土和构件过程的碳排放量来确定，成型的预制构件中，有些会有其他的组合部分，如夹心保温墙体中，混凝土中间会有保温材料。因此，计算生产阶段的预制混凝土材料和构件的碳排放时，主要考虑混凝土用量所带来的碳排放量，保温材料所占的体积应扣除在外，另外计算。

6　施工建造阶段能耗和碳排放识别

6.1 基本要求

6.1.1 工业化建筑施工建造的项目负责单位应针对项目建立碳排放核算和报告的规章制度，包括负责机构和人员、工作流程和内容、工作周期和时间节点等；指定专职人员负责企业碳排放核算和报告工作；应建立健全碳数据记录管理体系，包括对数据来源、数据获取时间以及相关责任人等信息的记录管理。

6.1.1 建筑建造阶段的碳排放应包括下列内容：

（1）施工机械在场地内的移动、使用、维护；

（2）办公和生活区办公设备、照明、供暖、制冷以及炊事；

（3）建造阶段消耗的原材料的碳排放。

6.1.3 工业化建筑施工建造阶段的碳排放量应根据施工阶段的各种燃料动力用量与对应能源碳排放因子，按下式计算：

$$E_2=\sum_{i}^{n}Q_iC_i+\sum_{j}^{m}\mathrm{AD}_{\mathrm{JZ}j}\cdot\mathrm{EF}_j$$

式中，E_2——施工建造阶段碳排放，kg CO_2；

Q_i——建筑建造过程第 i 种燃料动力总用量；

C_i——第 i 种燃料动力的碳排放因子，按附录 C 确定；

AD_{JZj}——建造阶段第 j 种原材料用量，t；

EF_j——第 j 种原材料碳排放因子，tCO_2/t，按附录 C 确定。

【条文说明】工业化建筑施工建造阶段的碳排放主要由施工过程中各机具消耗的燃料和材料所构成，与传统的建筑最大的差异是施工的方式和应用的机具不同，所以产生的能耗和碳排放也不相同。在进行碳排放核算时，除了传统的建筑施工方式的内容之外，还需要加入工业化建筑施工中的特殊环节，如装配式建筑中预制构件的吊装，结构节点的处理工艺等，这些特殊的工艺需要特殊的机具和材料，在核算碳排放时，需要单独进行核算。

6.2 边界的识别

6.2.1 建材生产阶段的碳排放计算边界应包含以下内容：

（1）建筑施工区域内所有机械设备的场内移动、使用、维护过程中消耗的电、柴油、汽油等能源的碳排放；

（2）建筑施工区域内的办公区办公设备、空调、照明消耗的电能的碳排放，生活区空调、照明、食堂消耗的电、燃气等能源的碳排放。

（3）建筑构件节点消耗的水泥、砂浆等原材料的碳排放。

6.2.2 建造阶段的碳排放计算时间边界应从项目开工至竣工验收。

6.2.3 建造阶段的碳排放应包括工业化建筑的预制构件的吊装、灌浆连接、节点链接和内装设备的安装等工序的能耗所产生的碳排放。

6.2.4 建造阶段使用的办公用房、生活用房和材料库房等临时设施的施工和拆除可不计入。

6.3 能耗数据和材料消耗清单

6.3.1 建筑建造阶段，应根据分部分项工程进行清单的统计，分别统计各种燃料动力类型和施工机械类型。

6.3.2 建造阶段的碳排放应包括脚手架，模板、支架和垂直运输，建筑物超高等可计算工程量的措施项目，以及施工降水、排水、临时设施等工序的碳排放。

6.4 活动水平数据

6.4.1 施工建造阶段中，各活动水平数据应按附表 A-2 进行记录。

6.4.2 施工阶段中材料、构件、部品、设备运输的活动水平数据应通过查询能源缴费账单或工程建设财务报表得到。

6.4.3 施工机具运行的耗能量、耗水量和施工现场办公的活动水平宜根据现场施工的监测仪表自动记录确定；具备智能监测系统的施工现场，可通过智能监测获取相关数据。

6.4.4 施工现场没有自动监测仪表时，可通过查询缴费账单、财务报表进行采集。

6.4.5 施工阶段中，缴费账单和财务报表数据量不能满足活动水平数据采集的要求，或者账单和报表的数据不完整时，可按下列规定进行估算，并按附表 A-2 进行记录：

（1）施工机具运行的耗电量

$$Q_{\mathrm{JXD}}=\sum_{i}^{n}P_{\mathrm{D}i}\cdot T_{\mathrm{D}i}\cdot N_{i}$$

式中，Q_{JXD}——施工机具运行的总耗电量，kW·h；

$P_{\mathrm{D}i}$——第 i 种施工机具的电功率，kW；

$T_{\mathrm{D}i}$——第 i 种施工机具的运行小时数，h；

N_i——第 i 种施工机具的台数，台。

（2）施工机具运行的耗油量

$$Q_{\mathrm{JXY}}=\sum_{i}^{n}P_{\mathrm{Y}i}\cdot T_{\mathrm{Y}i}\cdot N_{i}$$

式中，Q_{JXY}——施工机具运行的总耗油量，t；

$P_{\mathrm{Y}i}$——第 i 种施工机具的电功率，t/台；

$T_{\mathrm{Y}i}$——第 i 种施工机具的运行台班数，次；

N_i——第 i 种施工机具的台数，台。

（3）施工机具运行的耗水量

$$Q_{\mathrm{JXS}}=\sum_{i}^{n}P_{\mathrm{S}i}\cdot T_{\mathrm{S}i}\cdot N_{i}$$

式中，Q_{JXS}——施工机具运行的总耗水量，t；

P_{Si}——第 i 种施工机具的每台班的平均耗水量，t/台班；

T_{Si}——第 i 种施工机具的运行台班数，次；

N_i——第 i 种施工机具的台数，台。

（4）施工现场办公的耗电量

$$Q_{BGD}=\sum_{i}^{n}P_{Di}\cdot T_{Di}\cdot N_i$$

式中，Q_{BGD}——现场办公的总耗电量，kW·h；

P_{Di}——第 i 种办公设备的电功率，kW；

T_{Di}——第 i 种办公设备的运行小时数，h；

N_i——第 i 种办公设备的台数，台。

6.4.6 施工阶段中，活动水平数据不能进行估算，或估算数据无法获取时，可采用现场测试的方法进行数据的采集。

6.4.7 施工阶段的机具耗能量、耗水量现场测试应符合以下要求：

（1）施工阶段的现场测试能源计量器具的准确度应满足附表 B-1 的要求；

（2）仪器仪表安装方法，应符合仪器仪表说明书或其他技术资料规定的要求；

（3）测量点应根据测量现场各功能区域的划分、施工用设备的线路走向以及现场配电箱排布情况来布置，测量点应包括所有用能设备，不应有遗漏点和重复点；

（4）测试数据应包括分部分项目的所有施工工序，测试数据周期不应包含完整的工序过程。

6.4.8 施工降水、排水的能耗应根据项目施工降排水方案，按《房屋建筑与装饰工程消耗量定额》（TY01-31—2015）对应的降排水机械类别及其台班消耗量计算确定。

6.4.9 建筑分部分项工程的工程量宜按现行国家标准《房屋建筑与装饰工程量计算规范》（GB 50854—2013）和《通用安装工程工程量计算规范》（GB 50856—2013）的有关计算规则根据施工图计算，也可利用工程量清单编制成果中的工程量确定。

6.4.10 建筑建造措施项目的工程量可根据施工组织设计和施工方案确定。无资料时，施工工期可按现行国家统一定额《全国统一建筑安装工程工期定额》确定。

6.4.11 建筑各分部分项工程的机械台班消耗量宜按《房屋建筑与装饰工程消耗量定额》（TY 01-31—2015）、《通用安装工程消耗量定额》（TY 02-31—2015）、《装配式建筑工程消耗量定额》（TY 01-01（01）—2016）和《全国统一施工机械台班费定额》的有关规定计算。当有可靠实测统计数据时，也可按实测统计数据确定。

6.5 碳排放因子数据

6.5.1 建筑施工建造阶段消耗的部分燃料动力的碳排放因子，可按附录 C 来确定。

6.5.2 建筑施工建造阶段消耗的部分建筑材料的碳排放因子，可按权威机构公布的资料来确定。

7 运行阶段能耗和碳排放识别

7.1 基本要求

7.1.1 工业化建筑运行阶段的能耗和碳排放应以实际测量得到的能耗量和碳排放量进行核算，建筑能耗和碳排放数据为各类建筑的全年单位建筑面积能耗量和全年总能耗量。

7.1.2 工业化建筑的使用寿命应与建筑设计资料一致，当设计资料不能提供时，宜按 50 年计算。

7.1.3 工业化建筑运行阶段中能耗产生的碳排放量应按下式进行计算：

$$E_3=\left(\sum_{j=1}^{m}\sum_{i=1}^{n}\left(\mathrm{AD}_{\mathrm{YX}i}\cdot\mathrm{EF}_i\right)_j\right)\times m$$

式中，E_3——运行阶段碳排放量，$kgCO_2$；

AD_{YXi}——第 i 种燃料消耗量，t；

EF_i——第 i 种燃料碳排放因子，tCO_2/t；

j——建筑中第 j 种能耗系统；

m——建筑寿命年数。

7.1.4 运行阶段建筑材料、构件、部品、设备的维护与更替及更替的建筑材料、构件、部品、设备的运输产生的碳排放量的计算应根据本指南中“5 建材、构件和部品生产及运输阶段能耗和碳排放识别”和“6 施工建造阶段能耗和碳排放识别”中所规定识别方法进行识别。

7.2 边界的识别

7.2.1 工业化建筑运行阶段主要碳排放应包括建筑采暖系统、建筑空调系统、生活热水系统、照明系统、电梯系统、可再生能源在建筑使期间的碳排放量，以及建筑运行维护与更替中的材料、构件、部品、设备的碳排放量。

【条文说明】工业化建筑和传统的建筑最大的区别在构件生产阶段和施工建造阶段，而两类建筑在运行阶段并没有本质的差别，所以，工业化建筑运行阶段的碳排放构成与传统的建筑碳排放构成是一致的。

7.2.2 民用建筑能耗应按以下4类进行分类数据采集：电、燃料（煤、气、油等）、集中供热（冷）、建筑直接使用的可再生能源。

7.2.3 对于建筑运行阶段消耗的一次能源，根据相应计算公式计算，相关建筑设备系统的电功率、燃油、燃气、燃煤的消耗量等运行参数应根据建筑设计方案或实际选用设备的技术条件确定。

7.2.4 对于建筑运行阶段外购蒸汽、热水等二次能源，应根据热力站一、二次能源转化热效率以及相关一次能源的低位发热量计算出消耗的一次能源量后再进行碳排放计算。

7.2.5 运行阶段建筑材料、构件、部品、设备的维护与更替及更替的建筑材料、构件、部品、设备的运输产生的碳排放量的计算应根据本指南中“5 建材、构件和部品生产及运输阶段能耗和碳排放识别”及“6 施工建造阶段能耗和碳排放识别”规定的计算方法计算。

7.3 活动水平数据

7.3.1 工业化建筑的运行阶段，运行的能耗量应按现行行业标准《民用建筑能耗数据采集标准》（JGJ/T 154—2007）中的相关规定进行采集，并按附录 A 表 A-3 进行记录。

7.3.2 工业化建筑宜设置能耗监测系统进行能耗数据的监测和采集，能耗监测系统宜设置分项能耗计量系统；公共建筑能耗监测系统应按现行行业标准《公共建筑能耗远程监测系统技术规程》（JGJ/T 285—2014）的相关规定进行设置。

7.3.3 建筑中的电、水、燃气、集中供热（冷）及建筑直接使用的可再生能源等能耗应采用自动实时采集方式；当无法采用自动方式采集时，可采用人工采集方式。

7.3.4 用于能耗监测和数据采集的能耗计量装置应为国家认可计量核定单位检定合格的产品，计量装置的精度等级应符合附表 B-1 的要求。

7.3.5 分类和分项能耗数据应记录能耗日结数据，包括当天的能耗增量和采集数据的最大、最小值和平均值；并应根据能耗日结数据逐月、逐年计算能耗数据及最大值、最小值和平均值。

7.3.6 能耗数据的有效性应满足下列要求：

（1）一般性验证：应根据能耗计量装置量程的最大值和最小值进行判定，小于最小值或大于最大值的采集数据应判定为无效数据。

（2）电表有功电能验证：应通过两次连续采集数据计算出该段时间的耗电量，不应大于本支路耗能设备在该段时间额定耗电量的 2 倍。

7.3.7 运行维护阶段中，对于没有安装监测仪表的建筑，建筑运行的耗电量可根据能耗系统的类型、运行参数、运行时间等信息，按下列规定进行测算，并按本标准附表 A-3 进行记录：

（1）建筑运行的耗电量

$$\mathrm{AD_{YXD}} = \sum_{i=1}^{n}(l_i \cdot P_{\mathrm{D}i} \cdot T_{\mathrm{D}i} \cdot N_i)$$

式中，$\mathrm{AD_{YXD}}$ —— 建筑运行的耗电量，kW·h；

$P_{\mathrm{D}i}$ —— 第 i 类设备系统的电功率，kW；

$T_{\mathrm{D}i}$ —— 第 i 类设备系统的年平均运行小时数，h/a；

N_i —— 第 i 类设备系统的数量，台；

l_i —— 第 i 类设备系统运行的时间年限，a；

i —— 办公电气设备的种类代号。

（2）建筑运行的燃油及燃气耗量

$$\mathrm{AD}_{\mathrm{YXYQ}}=\sum_{i=1}^{n}(l_i \cdot P_{\mathrm{YQ}i} \cdot T_{\mathrm{YQ}i} \cdot N_i)$$

式中，$\mathrm{AD}_{\mathrm{YXYQ}}$—— 建筑运行的耗电量或燃气耗量，$t$ 或 m^3；

$P_{\mathrm{YQ}i}$—— 第 i 类设备系统的平均每小时燃油量或燃气耗量，t/h 或 m^3/h；

$T_{\mathrm{YQ}i}$—— 第 i 类设备系统的年平均运行小时数，h/a；

N_i—— 第 i 类设备系统的数量，台；

l_i—— 第 i 类设备系统运行的时间年限，a；

i—— 设备系统的种类代号。

（3）建筑运行的耗煤量

$$AD_{\mathrm{YXM}}=\sum_{i=1}^{n}(l_i \cdot P_{\mathrm{M}i} \cdot N_i)$$

式中，$\mathrm{AD}_{\mathrm{YXM}}$—— 建筑运行耗煤量，t；

$P_{\mathrm{M}i}$—— 第 i 类设备系统的年平均煤耗量，t/a；

N_i—— 第 i 类设备系统的数量，台；

l_i—— 第 i 类设备系统运行的时间年限，a；

i—— 办公电气设备的种类代号。

（4）建筑运行外购的蒸汽及热水耗能量

$$\mathrm{AD}_{\mathrm{YXZR}}=\frac{Q_{\mathrm{ZR}} \cdot l}{\eta \cdot h_{\mathrm{DW}}}$$

式中，$\mathrm{AD}_{\mathrm{YXZR}}$—— 建筑运行外购的蒸汽量或热水折合的一次能源量，t 或 m^3；

Q_{ZR} —— 每年外购的蒸汽或热水量，MJ/a；

η —— 热力站制备蒸汽或热水的平均热效率，%；

h_{DW} —— 热力站制备蒸汽或热水所用一次能源的单位发热量，MJ/t 或 MJ/m^3；

l —— 建筑运行的时间年限，a。

7.3.8 运行维护阶段中，对于没有安装冷水量总表的建筑，耗水量可按现行国家标准《建筑给水排水设计规范》（GB 50015—2009）的相关规定进行测算后采集。

7.3.9 运行维护阶段中，可再生能源的种类及使用量应优先根据可再生能源系统的检测系统自动记录确定；当没有安装监测系统或系统尚未运行，可通过查询可再生能源系统设计技术文件确定。

7.3.10 新建的工业化建筑，进行建筑的能耗和碳排放预测时，运行阶段的能耗数据可采用权威机构推荐或核查机构指定的建筑能耗模拟软件进行能耗模拟计算，采用模拟得到的能耗数据作为碳排放活动水平数据。

7.4 碳排放因子数据

7.4.1 建筑运行阶段消耗的部分燃料动力的碳排放因子，可按附录 C 来确定。

7.4.2 建筑运行阶段消耗的部分建筑材料的碳排放因子，可按权威机构公布的资料来确定。

8　拆除和回收阶段能耗和碳排放识别

8.1 基本要求

8.1.1 建筑拆除阶段碳排放计算应以单体建筑为对象。

8.1.2 建筑建造阶段的碳排放应包括下列内容：

（1）施工机械在场地内的移动、使用、维护；

（2）办公和生活区办公设备、照明、供暖、制冷以及炊事；

（3）建筑拆除回收的材料所减少的碳排放。

8.1.3 建筑拆除阶段的主要碳排放单元过程应包括拆除机械在场地内的移动、使用、维护。

8.1.4 建筑拆除阶段碳排放计算结果宜用单位建筑面积的建造和拆除碳排放量表示。

8.2 边界的识别

8.2.1 建筑拆除阶段碳排放计算边界应符合下列规定：

（1）建筑施工区域内所有机械设备的场内移动、使用、维护过程中消耗的电、柴油、汽油等能源的碳排放；

（2）建筑施工区域内的办公区办公设备、空调、照明消耗的电能的碳排放，生活区空调、照明、食堂消耗的电、燃气等能源的碳排放。

8.2.2 拆除阶段碳排放计算时间边界应从拆除开始至拆除、肢解并外运完毕。

8.2.3 拆除阶段的碳排放应包括主要施工设备机具使用过程中消耗各类燃料动力产生的碳排放。

8.2.4 措施项目的能耗计算可参考建筑运行阶段的能耗和碳排放计算方法来计算。

8.2.5 建筑拆除阶段的碳排放量应根据拆除阶段的各种燃料动力用量及对应能源碳排放因子按下式计算：

$$E_4 = \sum_i E_{\mathrm{CC}i} \cdot F_i$$

式中，E_4——建筑拆除过程碳排放总量；

$E_{\mathrm{CC}i}$——建筑拆除过程第 i 种燃料动力总用量；

F_i——第 i 中燃料动力的碳排放因子，按附录 C 确定。

8.2.6 建筑拆除和运出垃圾过程的燃料动力用量可参考施工建造阶段能耗和碳排放的计算方法来确定。

8.2.7 工业化建筑拆除阶段回收再利用的建筑材料和构件节省的碳排放量不应计入该核查项目的工业化建筑全产业链碳排放，由于回收而节省的碳排放量应计入再利用项目的碳排放总量内。

【条文说明】建筑拆除阶段回收再利用的建筑材料和构件已不属于该项目的建材和构件，因此，这部分节省的建材和构件碳排放量应计入该再利用项目的碳排放总量，代替生产相同量的建材和构件的碳排放量。

8.3 活动水平数据

8.3.1 建筑各分部分项工程的机械台班消耗量宜按《房屋建筑与装饰工程消耗量定额》（TY 01-31—2015）、《通用安装工程消耗量定额》（TY 02-31—2015）的有关规定执行；装配式建筑工程的机械台班消耗量应根据《装配式建筑工程消耗量定额》的有关规定计算。

8.3.2 施工机械台班燃料动力用量可按《全国统一施工机械台班费定额》选用。当有可靠实测统计数据时，也可按实测统计数据确定。

8.3.3 采用爆破拆除或机械整体性拆除的拆除能耗应根据拆除专项方案确定。

8.4 碳排放因子数据

8.4.1 建筑拆除和回收阶段消耗的部分燃料动力的碳排放因子，可按附录 C 来确定。

8.4.2 建筑拆除和回收阶段消耗的部分建筑材料的碳排放因子，可按权威机构公布的资料来确定。

附录 A　活动水平数据采集记录表

附表 A-1　材料和构件生产阶段活动水平数据采集记录表

<table>
<tr><td rowspan="5">基本信息</td><td colspan="2">建筑名称</td><td colspan="6"></td></tr>
<tr><td colspan="2">所在地区</td><td colspan="6"></td></tr>
<tr><td colspan="2">使用性质</td><td colspan="2"></td><td colspan="4">1-居住建筑；2-公共建筑；3-其他</td></tr>
<tr><td colspan="2">项目编号</td><td colspan="6"></td></tr>
<tr><td colspan="2">建筑结构类型</td><td colspan="6"></td></tr>
<tr><td rowspan="17">材料生产阶段</td><td colspan="2">活动水平数据</td><td>单位/型号</td><td>主体结构</td><td>围护结构</td><td>填充体</td><td>生产周期</td><td>材料来源</td></tr>
<tr><td rowspan="4">建筑材料耗量</td><td>材料 1</td><td></td><td></td><td></td><td></td><td></td><td></td></tr>
<tr><td>材料 2</td><td></td><td></td><td></td><td></td><td></td><td></td></tr>
<tr><td>材料 3</td><td></td><td></td><td></td><td></td><td></td><td></td></tr>
<tr><td>……</td><td></td><td></td><td></td><td></td><td></td><td></td></tr>
<tr><td rowspan="4">建筑构件耗量</td><td>构件 1</td><td></td><td></td><td></td><td></td><td></td><td></td></tr>
<tr><td>构件 2</td><td></td><td></td><td></td><td></td><td></td><td></td></tr>
<tr><td>构件 3</td><td></td><td></td><td></td><td></td><td></td><td></td></tr>
<tr><td>……</td><td></td><td></td><td></td><td></td><td></td><td></td></tr>
<tr><td rowspan="4">建筑部品耗量</td><td>部品 1</td><td></td><td></td><td></td><td></td><td></td><td></td></tr>
<tr><td>部品 2</td><td></td><td></td><td></td><td></td><td></td><td></td></tr>
<tr><td>部品 3</td><td></td><td></td><td></td><td></td><td></td><td></td></tr>
<tr><td>……</td><td></td><td></td><td></td><td></td><td></td><td></td></tr>
<tr><td rowspan="4">建筑设备耗量</td><td>设备 1</td><td></td><td></td><td></td><td></td><td></td><td></td></tr>
<tr><td>设备 2</td><td></td><td></td><td></td><td></td><td></td><td></td></tr>
<tr><td>设备 3</td><td></td><td></td><td></td><td></td><td></td><td></td></tr>
<tr><td>……</td><td></td><td></td><td></td><td></td><td></td><td></td></tr>
</table>

附表 A-2　施工建造阶段活动水平数据采集记录表

基本信息	建筑名称									
	所在地区									
	使用性质				1-居住建筑；2-公共建筑；3-其他					
	项目编号									
	建筑结构类型									
施工建造阶段	活动水平数据		单位/型号	材料、构件、部品、设备的运输	施工机具运行			施工现场办公	灌浆	时间周期
					机具 1	机具 2	……			
	能源耗量	煤								
		天然气								
		液化石油气								
		汽油								
		柴油								
		电力								
		耗材								
		外购蒸汽								
		外购热水								
		……								
	资源耗量	水								
		……								

附表 A-3　运行维护阶段活动水平数据采集记录表

<table>
<tr><td rowspan="6">基本信息</td><td colspan="2">建筑名称</td><td colspan="5"></td></tr>
<tr><td colspan="2">所在地区</td><td colspan="5"></td></tr>
<tr><td colspan="2">使用性质</td><td colspan="2"></td><td colspan="3">1-居住建筑；2-公共建筑；3-其他</td></tr>
<tr><td colspan="2">项目编号</td><td colspan="5"></td></tr>
<tr><td colspan="2">建筑结构类型</td><td colspan="5"></td></tr>
<tr><td colspan="2">建筑设计寿命</td><td colspan="5"></td></tr>
<tr><td rowspan="17">运行围护阶段</td><td colspan="2">活动水平数据</td><td>单位</td><td>设备系统运行</td><td>材料、构件、部品、设备的维护与更替</td><td>更替的建筑材料、构件、部品、设备的运输</td><td>时间周期</td></tr>
<tr><td rowspan="10">能源耗量</td><td>煤</td><td></td><td></td><td></td><td></td><td></td></tr>
<tr><td>天然气</td><td></td><td></td><td></td><td></td><td></td></tr>
<tr><td>液化石油气</td><td></td><td></td><td></td><td></td><td></td></tr>
<tr><td>汽油</td><td></td><td></td><td></td><td></td><td></td></tr>
<tr><td>柴油</td><td></td><td></td><td></td><td></td><td></td></tr>
<tr><td>煤油</td><td></td><td></td><td></td><td></td><td></td></tr>
<tr><td>电力</td><td></td><td></td><td></td><td></td><td></td></tr>
<tr><td>外购蒸汽</td><td></td><td></td><td></td><td></td><td></td></tr>
<tr><td>外购热水</td><td></td><td></td><td></td><td></td><td></td></tr>
<tr><td>……</td><td></td><td></td><td></td><td></td><td></td></tr>
<tr><td rowspan="2">资源耗量</td><td>水</td><td></td><td></td><td></td><td></td><td></td></tr>
<tr><td>……</td><td></td><td></td><td></td><td></td><td></td></tr>
<tr><td rowspan="4">维护更替材料耗量</td><td>材料 1</td><td></td><td></td><td></td><td></td><td></td></tr>
<tr><td>材料 2</td><td></td><td></td><td></td><td></td><td></td></tr>
<tr><td>材料 3</td><td></td><td></td><td></td><td></td><td></td></tr>
<tr><td>……</td><td></td><td></td><td></td><td></td><td></td></tr>
</table>

运行围护阶段	维护更替构件耗量	构件 1					
		构件 2					
		构件 3					
		……					
		部品 1					
		部品 2					
		部品 3					
		……					
		设备 1					
		设备 2					
		设备 3					
		……					

附录B　预制材料和构件的碳排放因子测量步骤

B1 一般要求

B.1.1 预制材料和构件生产企业应加装能源计量的器具，并应满足能源分类计量的要求。

B.1.2 对于没有加装能源计量器具的企业，应配备便携式能源检测仪表，便携式能源检测仪表应能满足测量准确度等级的要求。

B.1.3 生产企业的能源计量器具准确度等级应满足附表 B-1 的要求。

附表 B-1　能源计量器具准确度等级要求

<table>
<tr><th>计量器具类别</th><th colspan="2">计量目的</th><th>准确度等级要求</th></tr>
<tr><td rowspan="2">衡器</td><td colspan="2">进出用能单位燃料的静态计量</td><td>0.1</td></tr>
<tr><td colspan="2">进出用能单位燃料的动态计量</td><td>0.5</td></tr>
<tr><td rowspan="6">电能表</td><td rowspan="5">进出用能单位有功交流电能计算</td><td>Ⅰ类用户</td><td>0.5S</td></tr>
<tr><td>Ⅱ类用户</td><td>1.0</td></tr>
<tr><td>Ⅲ类用户</td><td>2.0</td></tr>
<tr><td>Ⅳ类用户</td><td>2.0</td></tr>
<tr><td>Ⅴ类用户</td><td>2.0</td></tr>
<tr><td colspan="2">进出用能单位的直流电能计算</td><td>成品油 0.5</td></tr>
<tr><td>油流量表（装置）</td><td colspan="2">进出用能单位的液体能源计量</td><td>重油、渣油 1.0</td></tr>
</table>

计量器具类别	计量目的		准确度等级要求
气体流量表（装置）	进出用能单位的气体能源计量		煤气 2.0
			天然气 2.0
			蒸汽 2.5
水流量表（装置）	进出用能单位水量计量	管径不大于 250 mm	2.5
		管径大于 250 mm	1.5
温度仪表	用于液态、气态能源的温度计量		2.0
	与气体、蒸汽质量计算相关的温度计量		1.0
压力仪表	用于气态、液态能源的压力计量		2.0
	与气体、蒸汽质量计算相关的压力计量		1.0

注 1：当计量器具是由传感器（变送器）、二次仪表组成的测量装置或系统时，表中给出的准确度等级应是装置或系统的准确度等级，装置或系统未明确给出其准确度等级时，可用传感器与二次仪表的准确度等级按误差合成方法合成。

注 2：运行中的电能计量装置按其所计量电能量的多少，将用户分为五类。Ⅰ类用户为月平均用电量 500 万 kW·h 及以上或变压器容量为 10 000 kVA 及以上的高压计费用户；Ⅱ类用户为小于Ⅰ类用户用电量（或变压器容量），月平均用电量 100 万 kW·h 及以上或变压器容量为 2 000 kW·A 级以上的高压计费用户；Ⅲ类用户为小于Ⅱ类用户用电量（或变压器容量），月平均用电量 10 万 kW·h 及以上或变压器容量为 315 kWA 级以上的高压计费用户；Ⅳ类用户为负荷容量为 315 kVA 以下的计费用户；Ⅴ类用户为单项供电的计费用户。

注 3：用于成品油贸易结算的计量器具的准确度等级应不低于 0.2。

注 4：用于天然气贸易结算的计量器具的准确度等级应符合 GB/T 18603—2001 附录 A 和附录 B 的要求

B.1.4 生产企业应采用规范的表格式样记录能源计量数据，计量测试记录表格应便于数据的汇总和分析，并应说明被测量与记录数据之间的转换方法或关系。

B.1.5 生产企业宜根据需要按生产周期（班、日、周）及时统计计算出单位产品的各种主要能源消耗量。

B.1.6 其他事宜可参考《用能单位能源计量器具配备和管理通则》GB/T 17167—2006）的要求。

B2 测量方法

B.2.1 仪器仪表安装方法，应符合仪器仪表说明书或其他技术资料规定的要求。

B.2.2 测试前，应根据测试任务确定测试负责人，配备经过培训的测试人员，并通过勘查现场，收集与设备和生产工艺有关的资料、数据。

B.2.3 测试方案可根据《企业能耗计量与测试导则》（GB 6422 —2009）的要求进行编制。

B.2.4 构件和建筑材料生产碳排放因子的测量数据应包括构件生产设备的电流、电压、运行时间、用水量以及构件生产材料用量等参数。

B.2.5 对于没有设置分项监测系统的生产企业，构件生产线宜根据以下测试要求进行测量。

附表 B-2　构件生产线测量参数

<table>
<tr><th>测试主体</th><th>测试模块</th><th>设备</th><th>测量参数</th></tr>
<tr><td rowspan="21">流水生产线</td><td rowspan="12">生产线</td><td>模台</td><td rowspan="12">电流（A）/
电压（V）/
运行时间（h）</td></tr>
<tr><td>布料机</td></tr>
<tr><td>振捣机</td></tr>
<tr><td>赶平机</td></tr>
<tr><td>输料车</td></tr>
<tr><td>初凝库</td></tr>
<tr><td>侧立机</td></tr>
<tr><td>清扫机</td></tr>
<tr><td>摆渡车</td></tr>
<tr><td>抹平机</td></tr>
<tr><td>喷涂机</td></tr>
<tr><td>绘图机</td></tr>
<tr><td>养护</td><td>养护库</td><td>燃料量（m^3）</td></tr>
<tr><td>混凝土生产</td><td>搅拌机</td><td>电流（A）/电压（V）/
运行时间（h）/
叠合板土方量（m^3）</td></tr>
<tr><td rowspan="2">场内运输</td><td>桁车</td><td rowspan="2">电流（A）/电压（V）/运行时间（h）</td></tr>
<tr><td>运输车</td></tr>
<tr><td>堆放运输</td><td>龙门吊</td><td>电流（A）/电压（V）/运行时间（h）</td></tr>
<tr><td rowspan="3">钢筋加工区</td><td>一体机</td><td rowspan="3">电流（A）/电压（V）/
运行时间（h）/
钢筋日加工量（t）</td></tr>
<tr><td>弯钩机</td></tr>
<tr><td>调直机</td></tr>
<tr><td rowspan="8">固定模台生产线</td><td>混凝土生产</td><td>搅拌机</td><td>电流（A）/电压（V）/
运行时间（h）/
叠合板土方量（m^3）</td></tr>
<tr><td>堆放运输</td><td>龙门吊</td><td>电流（A）/电压（V）/运行时间（h）</td></tr>
<tr><td rowspan="2">场内运输</td><td>桁车</td><td rowspan="2">电流（A）/电压（V）/运行时间（h）</td></tr>
<tr><td>运输车</td></tr>
<tr><td rowspan="3">钢筋加工区</td><td>一体机</td><td rowspan="3">电流（A）/电压（V）/
运行时间（h）/
钢筋日加工量（t）</td></tr>
<tr><td>弯钩机</td></tr>
<tr><td>调直机</td></tr>
</table>

B.2.6 对于新建生产企业，设置分项监测系统时，构件生产线监测系统宜根据以下测试要求进行测量。

附表 B-3　新建构件生产线测量参数

<table>
<tr><th>监测主体</th><th>监测模块</th><th>监测设备</th><th>监测仪器</th><th>监测参数</th></tr>
<tr><td rowspan="20">流水
生产线</td><td rowspan="12">生
产
线</td><td>模台</td><td rowspan="12">电表
（可根据工厂电柜实际情况合并测量）</td><td rowspan="12">电量（kW·h）</td></tr>
<tr><td>布料机</td></tr>
<tr><td>振捣机</td></tr>
<tr><td>赶平机</td></tr>
<tr><td>输料车</td></tr>
<tr><td>初凝库</td></tr>
<tr><td>侧立机</td></tr>
<tr><td>清扫机</td></tr>
<tr><td>摆渡车</td></tr>
<tr><td>抹平机</td></tr>
<tr><td>喷涂机</td></tr>
<tr><td>绘图机</td></tr>
<tr><td>养护</td><td>养护库</td><td>流量计</td><td>燃料量（m^3）</td></tr>
<tr><td>混凝土生产</td><td>搅拌机</td><td>电表、水表</td><td>电量(kW·h)、水量(m^3)</td></tr>
<tr><td rowspan="2">场内运输</td><td>桁车</td><td>电表</td><td rowspan="6">电量（kW·h）</td></tr>
<tr><td>运输车</td><td>电表</td></tr>
<tr><td>堆放运输</td><td>龙门吊</td><td>电表</td></tr>
<tr><td rowspan="3">钢筋加工区</td><td>一体机</td><td>电表</td></tr>
<tr><td>弯钩机</td><td>电表</td></tr>
<tr><td>调直机</td><td>电表</td></tr>
<tr><td rowspan="7">固定模台
生产线</td><td>混凝土生产</td><td>搅拌机</td><td>电表，水表</td><td>电量(kW·h)、水量(m^3)</td></tr>
<tr><td>堆放运输</td><td>龙门吊</td><td>电表</td><td rowspan="6">电量（kW·h）</td></tr>
<tr><td rowspan="2">场内运输</td><td>桁车</td><td>电表</td></tr>
<tr><td>运输车</td><td>电表</td></tr>
<tr><td rowspan="3">钢筋加工区</td><td>一体机</td><td>电表</td></tr>
<tr><td>弯钩机</td><td>电表</td></tr>
<tr><td>调直机</td><td>电表</td></tr>
</table>

B.2.7 测量点应根据测量现场各功能区域的划分、生产用设备的线路走向以及现场配电箱排布情况来布置。

B.2.8 测量点应包括所有生产线的设备，不应有遗漏点和重复点。

B.2.9 通过测量仪表获取的逐时活动水平数据，应与生产区使用的生产材料和生产出的产品相对应，并应记录逐时的产品型号与相应的用料配比表。

B.2.10 对于生产产品的种类单一且每日生产量比较平均的生产企业，测试数据的周期不应少于 3 个工作日；对于生产产品种类多于两项或每日生产产品量不均匀的生产企业，测试周期不应少于 10 个工作日，或测试周期至少包含一个工程项目产品。

B.2.11 预制材料和构件生产能耗和碳排放应为生产线所有工艺能耗和碳排放的叠加之和，可用下列方法计算：

$$E_f=E_{f1}+E_{f2}+E_{f3}+E_{f4}$$

式中：E_f —— 生产每立方米混凝土构件的总耗电量，kW·h/m³；

E_{f1} —— 构件的自动生产线生产每立方米混凝土叠合板的耗电量，kW·h/m³；

E_{f2} —— 搅拌站生产每立方米构件所用混凝土的耗电量，kW·h/m³；

E_{f3} —— 钢筋自动生产线生产每立方米构件所用钢筋的耗电量，kW·h/m³；

E_{f4} —— 运输每立方米构件的耗电量，kW·h/m³。

附录 C　主要能源碳排放因子

附表 C-1　主要能源碳排放因子推荐数值

<table>
<tr><th colspan="2" rowspan="2">能源种类</th><th colspan="2">排放因子</th></tr>
<tr><th>数值</th><th>单位</th></tr>
<tr><td colspan="2">原煤</td><td>0.76</td><td>$kgCO_2/kg$</td></tr>
<tr><td colspan="2">精洗煤</td><td>0.76</td><td>$kg\ CO_2/kg$</td></tr>
<tr><td colspan="2">焦炭</td><td>0.86</td><td>$kgCO_2/kg$</td></tr>
<tr><td colspan="2">其他焦化产品</td><td>0.64</td><td>$kgCO_2/kg$</td></tr>
<tr><td colspan="2">石油</td><td>0.59</td><td>$kgCO_2/kg$</td></tr>
<tr><td colspan="2">天然气</td><td>0.45</td><td>$kgCO_2/kg$</td></tr>
<tr><td colspan="2">汽油</td><td>0.55</td><td>$kgCO_2/kg$</td></tr>
<tr><td colspan="2">煤油</td><td>0.57</td><td>$kgCO_2/kg$</td></tr>
<tr><td colspan="2">柴油</td><td>0.59</td><td>$kgCO_2/kg$</td></tr>
<tr><td colspan="2">液化石油气</td><td>0.50</td><td>$kgCO_2/kg$</td></tr>
<tr><td colspan="2">燃料油</td><td>0.62</td><td>$kgCO_2/kg$</td></tr>
<tr><td colspan="2">煤气</td><td>0.35</td><td>$kgCO_2/kg$</td></tr>
<tr><td rowspan="7">电</td><td>华北区域电网</td><td>11.33</td><td>tCO_2 /10MW·h</td></tr>
<tr><td>东北区域电网</td><td>11.42</td><td>tCO_2 /10MW·h</td></tr>
<tr><td>华东区域电网</td><td>7.88</td><td>tCO_2 /10MW·h</td></tr>
<tr><td>海南省电网</td><td>7.69</td><td>tCO_2 /10MW·h</td></tr>
<tr><td>西北区域电网</td><td>8.16</td><td>tCO_2 /10MW·h</td></tr>
<tr><td>南方区域电网</td><td>6.73</td><td>tCO_2 /10MW·h</td></tr>
<tr><td>华中区域电网</td><td>7.06</td><td>tCO_2 /10MW·h</td></tr>
</table>

注：1. 能源的排放因子来自《2006 年 IPCC 国家温室气体排放清单指南》。

2. 区域电网的排放因子来自世界资源研究所。

附表 C-2　电网的分区

电网名称	覆盖省市
华北区域电网	北京市、天津市、河北省、山西省、山东省、内蒙古自治区
东北区域电网	辽宁省、吉林省、黑龙江省
华东区域电网	上海市、江苏省、浙江省、安徽省、福建省
华中区域电网	河南省、湖北省、湖南省、江西省、四川省、重庆市
西北区域电网	陕西省、甘肃省、青海省、宁夏回族自治区、新疆维吾尔自治区
南方区域电网	广东省、广西壮族自治区、云南省、贵州省、海南省